献给保罗和莉亚，
你们的好，简直难以衡量。
－大卫·施瓦茨－

献给科特妮、拉克兰、内森、萨莉和鲍勃，
我爱你们。
－史蒂文·凯洛格－

测量是怎么回事儿？

[美]大卫·施瓦茨—著 [美]史蒂文·凯洛格—绘 毛蒙莎—译

咱们比比谁先跑到沙滩的尽头吧。

预备——

中信出版集团 | 北京

图书在版编目（CIP）数据

测量是怎么回事儿？ /（美）大卫·施瓦茨著；
（美）史蒂文·凯洛格绘；毛蒙莎译. -- 北京：中信出
版社，2020.10（2021.1 重印）
　　（一百万是多少？了不起的数学魔法师）
　　书名原文：MILLIONS TO MEASURE
　　ISBN 978-7-5217-1984-0

　　Ⅰ.①测… Ⅱ.①大…②史…③毛… Ⅲ.①数学 –
儿童读物 Ⅳ.①O1-49

　　中国版本图书馆CIP数据核字（2020）第106527号

MILLIONS TO MEASURE

Text copyright © 2003 by David M. Schwartz

Illustrations © Steven Kellogg, 2003

First published by HarperCollins Publishers

Translation rights arranged by Bardon-Chinese Media Agency and MacKenzie Wolf

Published by arrangement with David Schwartz c/o Regula Noetzli – Affiliate of the Charlotte
Sheedy Literary Agency through Bardon-Chinese Media Agency

Simplified Chinese translation copyright © 2020 by CITIC Press Corporation

测量是怎么回事儿？
（一百万是多少？了不起的数学魔法师）

著　者：[美]大卫·施瓦茨
绘　者：[美]史蒂文·凯洛格
译　者：毛蒙莎
出版发行：中信出版集团股份有限公司
　　　　　（北京市朝阳区惠新东街甲 4 号富盛大厦 2 座　邮编　100029）
承　印　者：北京图文天地制版印刷有限公司

开　　本：787mm×1092mm　1/16　　印　张：3　　字　数：40千字
版　　次：2020年10月第1版　　印　次：2021年1月第 2 次印刷
京权图字：01-2020-1778
书　　号：ISBN 978-7-5217-1984-0
定　　价：45.00元

出　　品　中信儿童书店
图书策划　如果童书
策划编辑　宿欣
责任编辑　陈晓丹
营销编辑　张远
美术设计　韩莹莹
插画改编　许美琳
内文排版　北京沐雨轩文化传媒
版权所有·侵权必究
如有印刷、装订问题，本公司负责调换。
服务热线：400-600-8099
投稿邮箱：author@citicpub.com

声明：本书封底的推荐语来自英文原版书封底以及亚马逊网站。

世上有无数的东西等着你去测量,可供你选择的测量方法也有很多种。

让我们飞到古代，看看很多很多年以前，人们是怎么测量东西的吧。

远古时期，人们在赛跑前，也得先定好比赛的距离。

他们对每样东西的大小和重量都充满了好奇。

商人们呢，还得操心瓶瓶罐罐的容量。

问题一大堆，就缺个好点子。

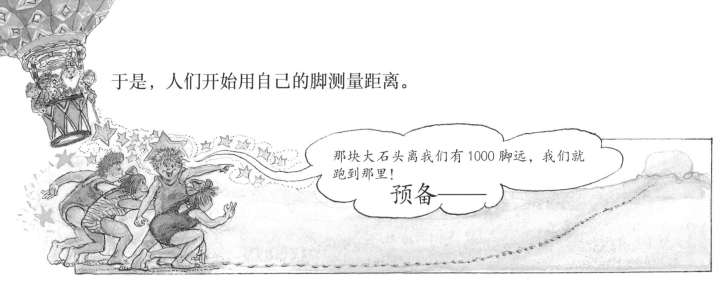

于是，人们开始用自己的脚测量距离。

那块大石头离我们有1000脚远，我们就跑到那里！

预备——

跑！

不过，用脚量东西会造成一些混乱……

我亲爱的孩子，你已经有4脚高啦。

这怎么可能！我只有3脚高。

我爸爸说了，我有4脚高。

因为有的人脚大，有的人脚小。

人们还用石头来称重量。

可是，每块石头的大小和重量也会有不同。

一个容器里能装多少种子？这是从前人们测量容积的一种方法。可是，种子也有大有小，所以，人们量着量着又乱作一团了。

是时候向你们介绍另一个好点子啦！

让我们飞往更近一些的年代！

在这个时期，各地的国王、女王、苏丹、族长和酋长们已经成功解决了脚掌有大有小的问题。他们宣布，从今往后，在各自的国土上，只有一个人的脚能作为测量长度的单位。

在古代欧洲，1 脚长的尺子就这样诞生了。

他们也给重量和容量定下了测量标准。

可是，没过多久，问题又出现了：当人们从相隔很远很远的地方聚到一起干活时，各自用的尺子长的长、短的短。究竟由哪把说了算，真叫人伤透了脑筋！

渐渐地，在古代欧洲，人们都开始使用同一个标准。东噼里啪啦人的"1 脚"和西叽里呱啦人的"1 脚"终于变得一样长了。

现在，常用的长度单位有米（m）、厘米（cm）、毫米（mm）等。

这条绿油油的小蛇，长度是 30 厘米。1 分米（dm）等于 10 厘米，所以也可以说，这条蛇的长度是 3 分米。

在实际生活中，我们使用厘米这个单位的机会比分米要多一些。

如果你不知道 10 厘米有多长，那就看看下面这支铅笔，它的长度就是 10 厘米。

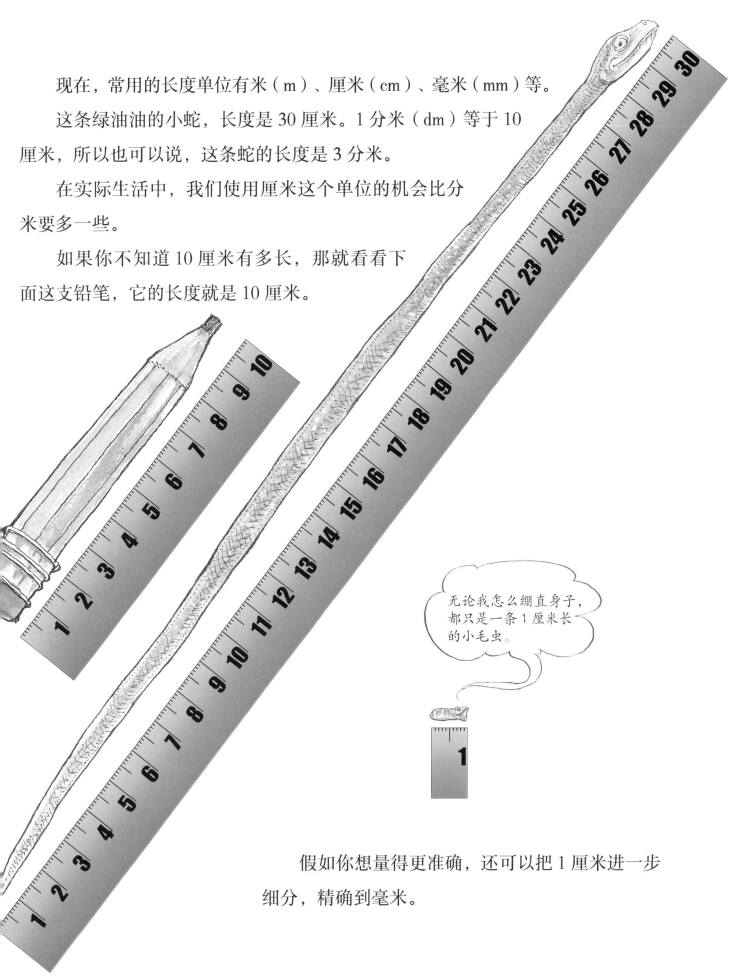

无论我怎么绷直身子，都只是一条 1 厘米长的小毛虫。

假如你想量得更准确，还可以把 1 厘米进一步细分，精确到毫米。

长度关系图

1 米

1 分米

这张图里标出的 1 米比实际的 1 米要短得多。
想知道实际的 1 米有多长吗？你可以找出家
里的卷尺比比看。

在测量更长的物体时，你可以用米这个
单位。1 米等于 10 分米。

来看看左边的尺子。

独角兽月光大约有
1 米高。

如果不算它的
角的话。

世界最高峰珠穆朗玛峰的高度是 8844.43 米。

我们来称一称吧！

在测量重量时，我们通常会用千克（kg）这个单位。猫咪果冻有 4 千克重，罗伯特有 30 千克重，桑德罗的体重也是 30 千克。

但是，如果桑德罗长大后成了一名重量级摔跤选手，他的体重可能会达到 120 千克。

不过，人见人爱、力大无比的河马选手有好几吨（t）重呢，桑德罗根本不是它的对手。1 吨等于 1000 千克，河马选手的体重达到了 3 吨！

要是桑德罗非但没有长大，反倒缩小了呢？他被魔法师变小了，体重已经跌到 1 千克以下了。现在，给桑德罗称重就可以改用克（g）这个单位了。1 千克等于 1000 克。这只小鸟的体重是 100 克。

克这个单位还可以测量更轻的物体。比如这只小蜘蛛的重量是 1 克。

好了，现在来回想一下，测量长度、重量和容积都能用到哪些单位呢？

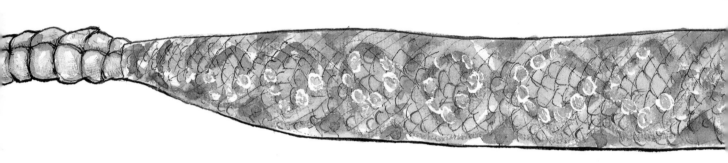

如果你想测量像蚂蚁那么小的东西，米这个单位显然就太大了。这时，你可以试试厘米。1 米等于 100 厘米，1 厘米等于 1/100 米。

一把米尺的一部分。你可以量量尺子

要是你想测量的东西比蚂蚁还要小（比如跳蚤或一小块雀斑），那该怎么办呢？试试毫米吧。1 米等于 1000 毫米，1 毫米等于 1/1000 米。

这个杯子里的水量

是 10 毫升。

个杯子的容量加在一起

就是 1 升啦。

你还记得，前面那个国王是用杯子来做容积单位的吗？如今，我们有了更规范、更好用的液体测量单位。

感受一下你现在有多渴。对照左边的关系图，看看自己要喝多少水才能解渴吧。

猫咪果冻只要 10 毫升（ml）的水就心满意足了。刚做完运动的河马选手渴得要命，必须灌下几升（l）的水才能缓过神来！

大家都回到热气球上来！

让我们飞往 18 世纪末期的欧洲。在那时，法国人终于想出了方便好用的公制体系。

人们测量较长的距离时，依旧可以用米做单位。

比如足球场的长度大约是 100 米。

顶尖的短跑选手可以在 10 秒之内跑完 100 米。你的最好成绩是几秒呢？

如果你喜欢长跑，那你一定能用得上千米（km）这个单位。1千米等于1000米。假如你身体还不错，那么不到10分钟你就能跑完1千米。同样的距离，叉角羚只需要40秒就能搞定；而一只蜗牛哪怕运动天赋再高，恐怕也得爬上整整8天。

恭喜大家！

你们都冲过了终点，跑出了好成绩。现在大家都渴了吧，这里的每瓶水都足足有1升，快来喝吧！

蜗牛选手终于跑到终点啦！ 1毫升的水应该就足够它解渴了。

跑步是减轻体重和塑造身材的好方法。让我们称一下蜗牛选手现在的体重吧。

现在，让我们来用不同的单位算算看吧。我们知道猫咪果冻的体重是 4 千克，1 千克等于 1000 克，那么我们也可以说猫咪果冻的体重是 4000 克。

桑德罗和罗伯特的体重都是 30 千克，如果换成克，他们就是 30000 克了，这真是个很大的数字。

魔法师挥了挥魔法棒。现在，奥运摔跤选手桑德罗和罗伯特的体重都是 120 千克。换算一下，那可是 120000 克。不过，跟我们体型庞大、人见人爱、力大无比的冠军河马选手相比，他俩可差了好大一截呢。河马选手往秤上一踩，指针就会飞转到 3000 千克。1 吨等于 1000 千克，这么算下来，那可是 3 吨呢！

由于逻辑清晰、简单好用，绝大多数国家都采用了这种计量制度。不过，在美国，大多数人使用的是另一种计量制度。

就像你们已经看到的那样，当人们使用的计量单位不同时，可能会造成混乱。由测量单位引起的小错误，有时会引发大灾难！

曾经，有一个价值高达数百万美元的火星探测器。工程师和操作人员在围着它忙碌时，出了个差错：测量长度和距离时，他们中的一些人用的单位是英尺和英里，另一些人用的却是米和千米。

这个探测器本该围绕火星运行

结果却在发射后与地面彻底失去了联系，就这么永远地消失在了太空里。

现在，了解了这些，让我们用这些单位开始测量吧！

米！ 升！ 千克！ 预备——量！

魔法师手记

  在很长一段时间里，世界上大部分地区的人在测量长度和距离时，采用的都是这样一种计量制度：其中不仅包括英寸、英尺、码、英里这些今天依旧在使用的单位，还包括一些如今已经消失得无影无踪的单位，如杆（rod）和里格（league）。他们在测量重量时，使用的单位是盎司、磅和长吨；在测量容积时，使用的单位是液盎司、杯、品脱、夸脱、加仑和桶（barrel）。这个计量制度曾经被称为"英制"，不过，如今在英国，人们已经很少使用它了。它有时也被称为"英寸－磅制"或者"惯用单位制"——尽管它只是极少数国家使用的惯用计量制度。这些国家中有利比里亚和缅甸，以及美国。在世界上的其他地区，人们使用的是另外一种计量制度。不同的测量体系并存，可能会造成一些误会。

  那个未能按计划围绕火星飞行的探测器就是个实例。调查人员发现，导致事故发生的原因，是"火星气候探测者号"的设计者用的是英制单位，而操作它的人用的却是国际通用计量单位。1999 年 9 月 23 日，这个探测器在太空中与地面彻底失去了联系。

公制的来历和演变

  18 世纪末，法国人推翻了波旁王朝的统治，建立起一个由民众选举出来的政府。一些拥有社会影响力的法国人不愿继续使用先前的计量单位，因为这些单位起源于贵族的肢体，免不了会让他们想起刚被抛在身后的倒霉日子。在他们心目中，理想的体系应该建立在有关我们这个世界的科学事实之上。于是，他们创造出一种全新的计量制度，它在许多方面都比过去的英制更有优势。全世界的人都认识到了它的优点，于是，几乎所有国家都采纳了这种新的计量制度。这种计量制度通常被称为公制。再后来，人们在公制基础上

又发展出了一套更完善的单位制，这就是国际单位制（SI），也是现在世界上使用最普遍的单位制。

公制的基本单位是米，它对应的英语单词是 meter（在有些国家拼作 metre）。起初，人们规定 1 米的长度，是通过巴黎的子午线上从北极点到赤道之间距离的 1/10000000。后来，米的定义被反复修改，1 米的长度与它刚诞生时（18 世纪 90 年代）相比，发生了不小的变化。

国际通用计量单位

国际通用计量单位之所以用起来十分方便，其中一个原因是你只需知道少数几个基本单位和前缀，就能掌握其余所有单位了。很多英文单词都有前缀 [甚至连"前缀"（prefix）这个词本身，也包含一个前缀 pre-]，国际通用计量单位也是如此。比方说，centi- 表示 1/100，因此，centimeter（厘米）指的就是 meter（米）的 1/100。换句话说，100 厘米等于 1 米。而 1 厘米，差不多就是你一根手指的宽度。

前缀	缩写	含义		例子	
kilo-	k	一千	1000	kilometer	1000 米
hecto-	h	一百	100	hectometer	100 米
deka-	da	十	10	dekameter	10 米
deci-	d	十分之一	0.1	decimeter	0.1 米
centi-	c	百分之一	0.01	centimeter	0.01 米
milli-	m	千分之一	0.001	millimeter	0.001 米

人们在书写这些单位时，通常会使用它们的缩写形式。它们的前缀总共只有几个，而且在任何情况下它们的意思都是固定不变的，

所以你很快便能掌握它们。例如，milli-（意思是千分之一）的缩写是小写字母 m，当 m 出现在某个单位前面时，新单位的大小就是原来那个单位的 1/1000。比方说，mg 是 m 加上 g（克的缩写形式）组成的新单位毫克（milligram）的缩写形式，1 毫克等于 1/1000 克。类似地，ml 是 milliliter（毫升）的缩写形式，1 毫升等于 1/1000 升（liter）；mm 是 millimeter（毫米）的缩写形式，1 毫米等于 1/1000 米（meter）。我相信，你已经明白我的意思了。

还有许多其他国际通用计量单位存在，不过我们在这本书里并没有提到它们。除去美国，你在世界上的任何地方听人谈论天气时，都可能会接触到摄氏度（℃）这个温度单位。和其他国际通用计量单位一样，摄氏度也是一个逻辑清晰、简单好用的单位。水在 0 摄氏度时会结冰，在 100 摄氏度时会沸腾。你可以拿它跟美国人使用的温度单位"华氏度"（℉）做比较：水在 32 华氏度时会结冰，在 212 华氏度时会沸腾。哪个简单，哪个复杂，一比就知道！

国际通用计量单位已经悄悄现身美国

当你去美国旅游时，记得往冰箱或橱柜里瞧上一眼。在果汁、汽水、矿泉水等饮品的外包装上，有时会醒目地印着升、分升（1 分升等于 10 毫升）或毫升这些世界通用计量单位。有些牌子的狗粮也用千克来标明分量的。要是有机会，你可以瞄一眼美国人的医药箱，你会发现，维生素和各种药品的含量几乎都是用毫克或克来标注的。有些种类的牙线是用米来标注长度的，一些牌子的漱口水也用升或毫升来标注容量，你在洗发水瓶、牙膏筒和发胶罐上或许也能见到。在私家车的仪表盘上，你也很可能会见到用国际通用计量单位显示的行驶速度、距离和耗油量。现代自行车的零部件通常

也是用毫米或厘米来标注尺寸的。不少美国制造商生产时都采用国际通用计量单位，因为这样一来，产品的规格就能被全世界的人看懂。美国的科学家和医生也总是使用这些单位，因为它们不但方便好用，还能让世界各地的同行之间的交流变得很顺畅。

国际单位制中的"王牌"数字

与人们使用的十进制计数法一样，在大多数情况下，国际单位制中的各个单位之间也是以 10 为倍数关系的，每个单位都是比它小一级的单位的 10 倍，同时也是比它大一级的单位的 1/10（有些单位的大小是与它们相邻的单位的 1000 倍或 1/1000，但这仍是以 10 为倍数关系的，因为 1000=10×10×10），例如，10 分米等于 1 米，10 厘米等于 1 分米，10 毫米等于 1 厘米。美国人使用的计量制度中不存在任何特定的倍数关系：12 英寸等于 1 英尺，3 英尺等于 1 码，5280 英尺（或 1760 码）等于 1 英里——对需要测量东西的人来说，这简直太不方便、太不友好了！当计数法和计量制度不能很好地匹配时，计量单位之间的转换就会变得特别麻烦。这就像把两个说不同语言的人硬是凑在一起聊天：虽然不至于完全聊不起来，但是会聊得很费劲。

如果你想亲自体验一下国际单位制比美国的惯用单位制简单在哪里，只需把自己的身高分别用"__ 厘米"和"__ 英尺 __ 英寸"这两种形式写下来，接着任意选择一个数字（比如 40），先用它乘以你的国际单位制身高，再用同一个数字乘以你的惯用制身高。如果有必要，你可以使用计算器。最后，你只需给我一个答案：哪种计量体系更简单、更好用？

国际通用计量体系的绝妙之处

　　哪怕是在测量完全不同的东西时，国际通用计量体系中的各个单位之间也都是相互关联的。具体地说，它的长度单位、质量单位、容积单位和温度单位之间，存在着某种联系。如果你十分细心地用非常精确的设备量出 1 毫升的水，再把它倒进一个长度、宽度和高度都是 1 厘米的立方体——当温度为 4 摄氏度时，这些水将刚好装满这个立方体。我们还可以用另一种方式去形容这个立方体，即把它称作 1 立方厘米（1cubic centimeter，或缩写成 1cc）。由此你会发现，容积单位（毫升）和长度单位（厘米）是相互关联的。不仅如此，当温度为 4 摄氏度时，1 立方厘米的水的质量恰好是 1 克。在国际通用计量体系里，长度单位、容积单位和质量单位中的任意两个都是相互关联的。长度、容积和质量，就这么被我们生命中最重要的液体——水——联系在了一起！